U0321620

家装细部钻石法则

Bedroom

卧室

中 国 林 业 出 版 社
China Forestry Publishing House

图录

卧室是人们休息的主要处所，卧室布置的好坏，直接影响到人们的生活、工作和学习，所以卧室也是家庭装修的设计重点之一。卧室设计时要注重实用，其次才是装饰。具体应把握以下原则：

1、要保证私密性

私密性是卧室最重要的属性，它不仅仅是供人休息的场所，还是夫妻感情交流的地方，是家中最温馨与浪漫的空间。卧室要安静，隔音要好，可采用吸音性好的装饰材料；门上最好采用不透明的材料完全封闭。有的设计中为了采光好，把卧室的门安上透明玻璃或毛玻璃，这是极不可取的。

2、使用方便

卧室里一般要放置大量的衣物和被褥，因此装修时一定要考虑储物空间，不仅要大而且要使用方便。床头两侧最好有床头柜，用来放置台灯、闹钟等随手可以触到的东西。有的卧室功能较多，还应考虑到梳妆台与书桌的位置安排。

3、装修风格简洁

卧室的功能主要是睡眠休息，属私人空间，不向客人开放，所以卧室装修不必有过多的造型，通常也不需吊顶，墙壁的处理越简洁越好，通常刷乳胶漆即可，床头上的墙壁可适当做点造型和点缀。卧室的壁饰不宜过多，还应与墙壁材料和家具搭配得当。卧室的风格与情调主要不是由墙、地、顶等硬装修来决定的，而是由窗帘、床罩、衣橱等软装饰决定的，它们面积很大，其中的图案、色彩往往主宰了卧室的格调，成为卧室的主旋律。

4、色调、图案和谐

卧室的色调由两大方面构成，装修时墙面、地面、顶面本身都有各自的颜色，面积很大；后期配饰中窗帘、床罩等也有各自的色彩，并且面积也很大。这两者的色调搭配要和谐，并确定出一个主色调，比如墙上贴了色彩鲜丽的壁纸，那么窗帘的颜色就要淡雅一些，否则房间的颜色就太浓了，会显得过于拥挤；若墙壁是白色的，窗帘等的颜色就可以浓一些。窗帘和床罩等布艺饰物的色彩和图案最好能统一起来，以免房间的色彩、图案过于繁杂，给人凌乱的感觉。另外，面积较小的卧室，装饰材料应选偏暖色调、浅淡的小花图案。老年人的卧室宜选用偏蓝、偏绿的冷色系，图案花纹也应细巧雅致；儿童房的颜色宜新奇、鲜艳一些，花纹图案也应活泼一点；年轻人的卧室则应选择新颖别致、富有欢快、轻松感的图案。如房间偏暗、光线不足，最好选用浅暖色调。

5、灯光照明要讲究

尽量不要使用装饰性太强的悬顶式吊灯，它不但会使你的房间产生许多阴暗的角落，也会在头顶形成太多的光线，躺在床上向上看时灯光还会刺眼。最好采用向上打光的灯，既可以使房顶显得高远，又可以使光线柔和，不直射眼睛。除主要灯源外，还应设台灯或壁灯，以备起夜或睡前看书用。另外，角落里设计几盏射灯，以便用不同颜色的灯泡来调节房间的色调，如黄色的灯光就会给卧室增添不少浪漫的情调。

Bedroom ❤ Chinese

中式风格

传统的中式风格以宫廷建筑为代表，贴近中国古典建筑的室内装饰艺术风格。装饰材料以木材为主，图案多用龙、凤、龟、狮等，气势磅礴、霸气外露。

如今，中式风格更多地利用了后现代手法，把传统的结构形式通过重新设计组合以另一种民族特色的标志符号出现。

卧室作为家中最为私密的空间，如何融合庄重与优雅双重气质，打造温馨时尚的中式卧室，来看——

禅意东方

禅意东方，写意人生，闭门即深山，心静遍菩提。
作品追求清新质朴的中式风格，让设计融入自然与艺术之中，
以线条和造型表达悠悠禅意。
同时注重室内外空间园林景观的互动和对话，做到"层层延伸，
移步换景"，将有限的建筑园林资源做到最大化，提供一种专
属于东方的生活方式。

经过改良的中式架子床，附上素洁飘逸的白纱，展现空灵悠然的禅意。床品上利用不同的中式纹样，演绎古典之美。

卧室一侧放置一个浴盆，取"洗尽铅华、返璞归真"之意，焚上淡淡的熏香，营造出一个静思的灵修浸浴空间。

简约的造型、舒适的感觉，一个中式沙发给卧室提供一个小憩的空间。

床前的小榻，轻便古朴，上置一案，可品茶、小酌、对弈，尽享生活情趣。

大型绿植点缀其间，增添了自然气息，也与窗外的森森绿意相互呼应。

Bedroom

大面积地运用粉红色来展现中国风的富丽雍容，中式
卧室不再是严肃简朴的，而是千种风情、万种姿态。

运用曼妙的灯光、中式的家具、华丽的材质、对比的色调，
表现当代中式家居的宁静之美。

反光材质的运用让卧室呈现出来的光泽度更加丰盈，展现明亮堂皇的观感。

毛茸茸的毯子柔化了以直线线条为主的空间，让卧室更加温馨、舒适。

黑色的背景墙同时起到隔断的作用，类似镂雕的工艺让大面积的黑色不再沉闷。

简单的圆形花纹配饰，让房间更加精致，中式风格的窗户体现出了屋主人对于传统的追求。

花草纹样和镂空格栅的运用将中式风格的清新自然和古典
质朴完美地结合，打造出颇具韵味的中式卧室。

立体的花朵软包背景墙尽情绽放，香槟色的运用很好地
中和了红木原色的沉闷。

半月形的装饰典雅古朴，纹理细节与背景墙面上的条纹相互呼应，为卧室增添了层次感。

嫩绿色的枕头上的花纹与背景墙上的花纹相互映衬，丰富了卧室的装饰元素。

镂雕的背景墙露出拼接在底面的镜面材质，两种材质的混搭，为古典中式融入时尚感觉。

床两侧对称的床头灯是立方体的造型，灯光透过羊皮纸 pvc 胶片的灯罩，呈现古朴的中国风。

Bedroom

床头的装饰夸张而华丽，抽象的龙身有如燃烧的火焰，背景墙和寝具却选用了干净的米色和白色，让床头重点突出，独具个性。

整体素雅的中式硬装配以中式意韵灯具和软饰，调配出现代中式静谧而大气的氛围。

传统的中式攒斗窗棂透出窗外的好风光，窗棂的外框与背景墙、地板色调统一，深沉而优雅。

床头和沙发以黑色木框镶边，让家具更具立体感，黑色的实木也展现了中式风情。

地毯上的花朵静静绽放，装点着素雅的卧室，却不喧宾夺主。

在床头背景墙的位置安装两扇传统的格栅门，古朴的中国风也从这里缓缓地吹入房间。

软包床可以提升房间的整体价值及档次，在睡觉之前与家
人靠在床头交心聊天也是一个不错的选择。

绿色叶脉图案的壁纸与墙角茂盛的绿植相互呼应，让卧
室与自然融为一体。

Bedroom

明黄色的墙面展现了草长莺飞的春意，让卧室充满生机和活力。

短毛地毯非常方便清洗，略显粗糙的质地与精致缎面的床单形成对比，让房间不再单调。

卧室最突出的是金色的圆形装饰，简单的造型配上金属喷漆增加了造型的质感，是整个卧室的亮点。

立体感十足的软包床头背景墙搭配整铺的乳白色中式花纹地毯，让房间显出传统与现代的完美结合。

榻榻米、茶具和水墨字画的组合传递出宁静、超脱的淡淡禅意。

床头吊顶的立体石膏造型别出心裁，凸显了卧室主人的个性，成为卧室的亮点。

黑、白、灰的房间配色，更加映衬出床头那幅写意的山水作品。

床头背板上镂空祥云的图案，充满中式韵味，并在其中镶嵌灯源，打光巧妙。

几何图案的地毯是整个卧室的亮点，宝蓝色和土黄色的搭配，构成强烈的视觉对比。

卧室的配色素雅，在灯光的映射下，显得十分温馨。

整个卧室不论从床品摆设、床头灯以及房间的布局都遵从
了中国最传统的对称原则。

飘逸的纱幔缠绕着古朴的实木床，制造出浪漫、温馨的氛
围。

大幅落地窗透出好风景，透过床上的薄纱望出去，更有一种朦胧的美感。

四柱架子床以线条构架空间感，把卧室分割出休息区和会客区。

中式典雅与北欧轻简的完美融合，使设计更加年轻化、实用化。

卧室的尖顶设计，让空间显得十分宽敞，条纹的设计加强了延伸性，视觉效果极强。

整个房间以线条为装饰艺术的主题，基本线条构成的窗户既不影响采光，又能够突出卧室的特点。

落地窗在视觉上拓展了卧室的空间，也起到了借景入室的效果，让卧室与窗外的自然风景融为一体。

床品的特殊设计是房间的一大亮点，用描绘边框的方式凸显出立体感。

床头的实木雕花充满了中式元素，整个房间没有明亮的色调，给人以宁静的舒适感。

床头、椅背和窗帘上的少许孔雀绿的点缀让中式卧室增添了魅力。

丝绒、竹编、麻布、金属、水晶，多种材质的混搭使用，使沉稳的中式卧室更具层次感和跳跃性。

以白色为主色调的卧室内，点缀一抹淡雅的青花瓷蓝，不禁让人想起"帘外芭蕉惹骤雨，门环惹铜绿"的意境。

摩登的宝石蓝遇上热烈的中国红，演绎出当代东方美学气质。

Bedroom

黑色和米色的强烈对比，彰显出一种极致的时尚，缎面的绣花寝具，将中国风尽情绽放。

黑色的丝绒，低调而奢华；红色的绸缎，炽热而明艳，红与黑的经典搭配，碰撞出不一样的中国味道。

床头灯用中国红的颜色与床的典雅黑色形成强烈的对比，黑色的窗帘更增加了卧室的神秘感。

自古就有"紫气东来"一词，高贵的紫色会给卧室主人带来吉祥的好兆头。

Bedroom & European

欧式风格

欧式风格，是一种来自于欧罗巴洲的风格。主要有法式风格、意大利风格、西班牙风格、英式风格、地中海风格、北欧风格等几大流派，是欧洲各国文化传统所表达的强烈的文化内涵。

欧式风格强调以华丽的装饰、浓烈的色彩、精美的造型达到雍容华贵的装饰效果，同时，通过精益求精的细节处理，带给家人不尽的舒适。

如何在浪漫奢华的欧式居室里融入温馨的感觉，打造经典的欧式风格卧室，来看——

波尔多庄园

设计师以"流动的艺术"为灵感切入，法式浪漫主义结合新古典艺术风情，在搭配不同装饰艺术手法下，体现多种滋味与风情的艺术魅力，就如品尝不同时期的"波尔多"红酒，醇香浑厚，回味无穷。

以生活舒适安逸、尊贵优雅为主线，让经典与时尚在同一空间自然地交汇，以现代及抽象手法重新解析法国艺术的装饰细节，从天花到四周，再从家具到饰品，层叠起伏激荡着视觉的热情，引发探索的渴望。

如工艺品般精雕细琢的床头堆放各式精美的刺绣抱枕，在尊贵优雅中也展现家的温馨。

黑色的床头柜搭配金色配件，低调而奢华。

厚重的床幔层层叠叠，以流动的线条感，体现欧式风格的雍容华贵。

床尾踏的安置体现主人对于生活安逸舒适的追求，丝质的布艺，传递出品质的尊贵。

床架上的精致雕刻与凹凸有致的天花板共同激荡出一场豪华的视觉盛宴。

Bedroom

床头、床尾有雕刻精细的立柱支撑，将欧洲古典建筑的思想融入家居设计，配合着软包面上的繁复刺绣，演绎奢华富丽的欧陆风情。

正对面的落地窗让主人可以享受到"面朝大海、春暖花开"的诗意美景。

四柱床是古代欧洲贵族的用品，立柱上雕刻精致的花纹，体现着深厚的历史文化底蕴。

房间的配色温暖柔和，丝质的床品让肌肤享受呵护，也展现出欧式风格华丽与舒适并重的特点。

黄色的暖光灯与 LED 灯带相互配合补给光源，让室内更加明亮温馨。

背景墙做嵌入式处理，深棕色边框搭配菱格石砖，极富立体感。

卧房在每个角落都添加了天花灯，在平时起到隐形的作用，
不影响卧房的整体装饰效果。

壁纸的碎花与床旗的碎花相互呼应，卧房主人就像是安眠
在花海中一样。

粉红色的地毯让卧室的氛围鲜活起来，搭配草绿色的床具，更显出春天般的甜美气息。

暖色灯带环绕卧房屋顶，让无装饰的吊顶不再单调，可以与房间的其他装饰更好地结合。

床幔、床具和窗帘都做打褶处理，配合着精致的欧式家具，表现欧式风格的繁复之美。

床尾踏的颜色和床头相统一，与金色边框搭配，展现出欧式风情的奢华富丽。

Bedroom

欧式复古抽屉柜仿佛把我们带入古老的乡间村落的别墅中一样。

软包的床头曲线曼妙、刺绣精美，搭配精致的灯具和瓷器，
在细节处展现欧式风格的华美。

背景墙上的暗花和地摊上的立体花纹十分低调，很好地衬托了纯白的床具。

缎面的床具在灯光的映衬下更显华丽，与抱枕上和窗帘上的花纹不同，构成丰富的层次感。

用粉色、香槟和白色搭配，构成曼妙柔和的色彩组合，打造优雅迷人的欧式卧室。

镜面上绽放蕾丝般轻盈优雅的花纹，蔓延而上，为卧室带来神秘古典的气息。

床具和床幔都选用纯白色，营造出唯美浪漫的氛围，床架
和床头边框则是黑色，让线条更加分明。

以玻璃隔断代替实体墙面，让卧室更加通透，采光效果
更好。

Bedroom

摒除传统古典的繁复表面装饰，结合现代风格的清淡素雅，强调高贵内涵和细节质感。

卧室黑白的对比明显，线条挺拔硬朗，给人干净利落的感觉。

紫色的吊灯简约时尚，为卧室增添了一抹亮丽的色彩。

天花板上的抽象图画，气势恢宏，配色的运用与地毯相呼应，和谐统一。

一盏复古的吊灯就可以改善房间的主题风格，昏暗的灯光更适合卧室使用。

四柱床运用了金属与软皮质相结合的质地，用现代理念诠释欧式家居。

墨绿色的地毯上点缀着精细的金色叶子，更显得富丽堂皇。

花草纹从地毯延伸到墙面上，给卧室营造出春天般的清新气息。

紫红色的床头浪漫、柔和、华丽、优雅，与金色的配饰组合更加精致。

水晶吊灯在天花板上打出绚丽的光影，让黑色的架子床不再沉闷。

整体冷色调的房间内添置一两个充满趣味的宠物图案靠
枕，可以让房间不再呆板。

流畅的艺术线条，奢华的视觉配置，打造出现代巴洛克风格
的卧室。

Bedroom

超大空间的主卧彰显出豪宅的气质，毛绒地毯让双脚更加温暖。

床尾沙发的扶手精雕细琢，呈现出欧式风格的雅致与独特。

户型偏向窄长的卧室可以选择把床放在中间，两侧不需要过多的修饰，能够改善户型不佳的效果。

带有暗纹的壁纸有一种隐隐流动的感觉，给卧室带来线条的流动感。

欧式的五斗柜摆放在房间的角落，既弥补了房间上空间布局的不足，又能够起到强大的储物功能。

灰绿色、米色和白色的布艺及层叠的床幔、精致的灯具都令整个卧室散发出华美的大家风范。

白色和绿色的搭配典雅又清新，在视觉上让人充分放松。

碎花床品可以让卧室主人随时都拥有一颗好心情，配合洁白的家具，更显清新淡雅。

半圆形的床头与墙面上的方形石膏边线构成对比，让卧室的线条感更加丰富。

原木地板、原木床头柜点缀几抹嫩绿的色彩，让人感受到了春天的气息。

Bedroom Mix & Match
混搭风格

　　凸显自我、张扬个性的时尚混搭风格已经成为现代人在家居设计中的首选。无常规的空间解构，大胆鲜明、对比强烈的色彩布置，以及刚柔并济的选材搭配，无不让人在冷峻中寻求到一种超现实的平衡，而这种平衡无疑也是对审美单一、居住理念单一、生活方式单一的最有力的抨击。

　　如何打造个性与实用、时尚与温馨兼具的混搭风卧室，让卧室成为家居设计中的一个亮点，来看——

中情西韵

以欧洲古典文化艺术的发源地托斯卡纳的元素，用浮雕、花样等典型符号勾勒出休闲、稳重、富足的佛洛伦撒风情。
佛洛伦撒风格注重舒适与实用，享受生活的态度被完美地体现；然而这并不是本作品的全部述求；在这个作品里，因地制宜，加入了充满艺术性的东方元素在局部点缀，这充满对撞的两种极致风格在这个作品里被合理规划比例，中西结合，出现新的美感。

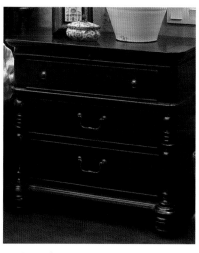

孔雀绿色的床具与朱红色的台灯相互辉映，让整个卧室有整体，有细节，有韵味。

黑色的床头柜不事张扬，却做工精细，值得慢慢品味。

别致的灯具，在细节上更加增添了美感与艺术感。

彩色玻璃灯罩透过灯光更显瑰丽，弥散出托斯卡纳小镇风情。

欧式立柱与中式刺绣的搭配，碰撞出东西方艺术交融的火花。

Bedroom

整体选材素雅，局部搭配色彩，充分体现主人的品
位和欣赏眼光。

背景墙的处理类似于外墙处理方式，在凹凸不平的墙砖表
面刷白色的乳胶漆，让墙面更有个性。

在床尾利用沙发代替床尾踏，可以让卧室主人休息得更加舒适、惬意。

精美的纱帘是卧房浪漫的体现，现在市面上有多种不同的纱帘可供选择。

软包床头划分出方格，并以黑色实木边条包边，让简约的卧室富有立体感。

华丽的吊灯搭配自然朴素的原木横条，加上内嵌灯的补光，呈现出独具个性的混搭风。

一个花纹繁杂、颜色鲜艳的地毯也可以成为房间的亮点，
改善房间过于素雅的缺点。

整个卧房的布局比较对称，唯独床头那两盏不同款式彰
显出了卧房主人的个性。

Bedroom

四柱床方方正正，棱角分明，搭配圆拱型窗帘，在造型上互相弥补。

时尚的水晶吊灯搭配环形 LED 灯带可以让房间显得通透明亮，让我们感觉舒适。

一把舒适的扶手椅摆放在窗口位置，下面再铺上厚实的地毯，让主人光着脚丫坐在扶手椅上享受生活。

在床头两侧有个小窗户，用白色的百叶窗布置，颜色与背景墙面一致，使房间背景简单干净。

Bedroom

房间选择了奶绿色和奶白色相结合的墙壁、地毯，这
两种颜色给人清爽的感觉。

躺在真丝制品铺好的床上，看着周围嫩黄的墙壁，让我们
感觉像被春天包围。

一盏落地灯非常方便实用，不仅可以随时移动，还起到点缀卧室的作用。

铁艺床的工艺比较粗犷，十分方便打理，配合着毛绒地毯和碎花沙发，把简朴和精致两种风格相融合。

图腾式的红色挂画给素雅的卧室点染了一簇火焰，炽热明艳。

衣帽间以衣柜做区隔，镜面材质让室内的空间联系更加紧密。

衣柜推拉门的设计非常节约空间，绘上图案，又是对卧室很好的装饰。

Bedroom

运用水墨画来当做床头背景墙，尽显卧室主人的传统古典气息，没有用传统的化妆桌，而是选择欧式简约风格的化妆桌，营造出混搭风。

橘黄色和咖啡色相互搭配，咖啡色质朴素雅，橘黄色跳跃抢眼，可以为房间增加生机。

浪漫的圆床搭配明亮跳跃的颜色，打造出一个独具个性的小婚房。

孔雀蓝色搭配古朴的实木桌椅，可以带给人宁静安详的感觉。

整个卧房装修的十分华丽，从卧床、沙发、茶几、水晶灯都能够体现出贵族气息。

Bedroom

淡蓝色的床具搭配白色蕾丝，打造出甜美梦幻的公主屋。

推拉门设计的整体衣柜可以起到很好的隐蔽性，不会影响
房间的整体布局，且具有强大的储物功能。

缎面床旗，为房间带来复古气息，与简约的家具相
搭配，实现了古典与现代的交融。

一把舒适的扶手椅摆放在窗口，清晨沐浴着晨光喝
杯新鲜的牛奶，是一种健康的生活方式。

卧室大面积留白，重点放在床头质感与画饰搭配，
借由个人喜好装点自己的空间。

有时在简单的卧房中选择一束精致的小花摆放在桌
子上，可以让卧房更加温馨。

皮质床头软包看起来饱满舒适，靠在上面阅读书籍，是个
不错的选择。

这间房间以冷色调为主，房顶的条形灯带，搭配几盏天
花灯，夜晚可以起到补给光线不足的作用。

Bedroom

令人惊艳的欧式混合着老上海风情，红色的壁纸风格突出，搭配低调的灯光和古韵的摆设。

在屋顶设计一个简单的窗户口，可以补给卧房的采光不足，既环保又实用，营造出乡村小屋的感觉。

房间利用百叶窗与窗帘相结合，能够很好地控制屋内的采光。

黑色镜面质地的床头背景墙可以起到反光作用，让卧室深邃迷人。

BedroomPastoralism

自然田园

　　自然田园风格的用料崇尚自然，在装饰上多以碎花、花卉图案为基础，给人浓郁的扑面而来的温馨的感觉，色调多是黄、粉、白等暖调。在织物质地的选择上多采用棉、麻等天然制品，其质感正好与自然田园风格不事雕琢的追求相契合。

　　自然田园风格的清新、自然、温暖、明丽是人们青睐它的原因，如何在自然田园风情的卧室里融入个性、创造时尚，来看——

城市花园

法式乡村风格完全使用温馨简单的颜色及朴素的家具，以人为本、尊重自然的传统思想为设计中心，使用令人倍感亲切的设计因素，创造出如沐春风的感官效果。

法式田园之家少了一点美式田园的粗犷，少了一点英式田园的浓烈，多了一点大自然的清新，又多了一点浪漫，经典又不失时尚。

化妆台上放着女主人的首饰、香水和化妆品，精致的包装和清新的颜色本身就是对素雅的化妆台的装饰。

简单的一个嵌入式书柜和一把舒适的椅子就构成了一个小的阅读空间，窗帘与靠椅布艺在颜色和质感上相互呼应。

米色竖条纹的软包床头搭配淡蓝色的花朵床品，构成柔和曼妙的色彩对比。

可爱的挂画搭配碎花壁纸，展现了法式田园的优雅清新，也让卧室的层次感更丰富。

吊灯弯曲柔和的线条突出柔美气质，水晶装饰晶莹剔透，更给卧室增加了空灵之美。

墙上的镜面装饰以金色的铜质镶边，打造出复古的气质，再配合室内轻巧的颜色，营造浪漫的法式优雅。

窗帘和床幔的运用，让卧室尽显柔美浪漫，颜色搭配上也营造出温馨曼妙之美。

白色的矮柜精致秀气，上面可以摆放小件的装饰品，抽屉也具有强大的收纳功能，十分实用。

用材上考虑仿古仿旧系列，家具陈设选择上强调风格的统一、大气、随意、轻松。

床品暗色的花纹有着特殊的气韵，并不张扬浮夸，充分地体现了主人公的高雅气质。

原木色搭配咖啡色的点缀边框可以凸显房间的立体感，原本平淡的房间拥有新鲜的嫩绿色，可以增添房间的生机。

宽敞的卧房内运用了同一种格调的装饰方式，不超过三种
颜色的搭配是为了能让房间协调不凌乱。

卧房运用了多种几何造型相结合，床品的环形、床头背
景装饰的菱形、地面的四边形等等。

Bedroom

床具以三角形的碎花布拼接，繁而不乱，营造出清新自然的田园感觉。

整间屋子都是蓝色系的搭配，似海洋般的清爽，让主人感受到恬静淡雅、波澜不惊的气息。

原木风格像是乡间的田园小屋，华丽复古的实木家具尽显主人的气质。

竖条的卧房背景墙，有增高房间的效果，让空间更加立体。

Bedroom

整面墙的整体衣柜以原木材质制成，与地板的材质
相互映衬，营造出自然拙朴的气质。

在卧室里造一个壁炉，可以增添家的温馨感觉，同时壁炉
也是打造田园风的重要元素。

印花的颜色与原木床和床头柜相搭配，整体呈献出质朴、干净、自然的田园风。

蜡烛造型的吊灯十分别致，也给装饰较为简朴的卧室增加了亮点。

淡黄色与白色搭配的背景墙壁清新自然，很好地烘托了素雅的印花床品。

纱幔拖地的床品可以营造出浪漫随意的气氛，昏黄的灯光更是加强了这一效果。

床头镂空花朵的图案，与台灯立柱的造型相呼应，为卧室
增添了甜美的元素。

落地窗外就是满目的绿色植被，仿佛打开窗户卧室主人就
能亲近大自然，呼吸新鲜的空气，感受大自然的魅力。

Bedroom

背景墙花草纹的壁纸给素雅庄重的家具增添了田园风情。

纯棉、麻等天然织品的运用，与自然田园风格的追求不谋而合。

墙面涂刷成淡粉色，使卧室更加温暖清新，也让深色的复古家具不至于太过深沉。

墙壁上复古淡雅的花纹与真丝被套的暗花相互呼应，浑然一体。

Bedroom

线条优美流畅的弧形窗框与棱角分明的天花横梁形成对比，刚柔相济。

床具和床幔上的花朵图案明艳动人，与壁纸、挂画、窗帘一起组成花的盛宴。

欧式的床像一艘古老沉静的大船，墙壁上淡雅的花纹衬托出了房间的田园气息。

粉色的碎花点缀在卧室里，好像山野间随意盛开的野花。

皮质古典大床配上复古的家具饰品，让人仿佛走进了老电影中。

卧室采用贵妃榻安放在床尾，碎花的设计显出了房间的田园气息。

明黄色的涂漆配合海天一色的爱琴海美景，让人想起地中
海慵懒明媚的阳光。

Bedroom

典雅的淡黄色墙面配上木质家具让房间充满了温馨的色
彩，阳光透过明亮的落地窗洒进卧室更平添了一丝温暖。

白色的实木床搭配蓝色格子的床具，是地中海风格的典型元素。

优雅的铁艺床以婉转的曲线构成优美的床头和床尾，配合白色薄纱，打造梦幻童话小屋。

仿旧的原木床涂刷成天蓝色，拉近了人与自然、大海的距离。

原木的肌理、通透的格局、质朴的装饰，带来返璞归真的温润感。

Bedroom

木质结构的墙面让房间显得格外雅致，开放式的房间结构使得房间整体格外的宽敞明亮，同时也使人心情舒畅。

坐在飘窗上享受舒适的下午茶，暖暖的阳光洒在木质地板上，让都市人感受到了一丝难得的闲适。

木制墙板既隔音又保暖，保证一夜好眠的同时又给
房间增添了不少高雅气息

叶脉图案的挂画和镂空栅格在明丽的灯光下十分精
致，带来东南亚的自然之美。

落地窗前摆放着一张简洁的大床，走进这样的房间
让人眼前一亮，既大方又温馨。

开放式的设计格局让起居室与户外相通，可时时
感受到大自然的生机盎然。

Bedroom Modern

现代简约

　　现代简约风格并不是缺乏设计要素，它是一种更高层次的创作境界。在室内设计方面，不是要放弃原有建筑空间的规矩和朴实，去对建筑载体进行任意装饰。而是在设计上更加强调功能，强调结构和形式的完整，更追求材料、技术、空间的表现深度与精确。删繁就简，去伪存真，以色彩的高度凝练和造型的极度简洁，用最洗练的笔触，描绘出最丰富动人的空间效果。

　　在卧室的设计上，如何做到现代元素的合理运用，简约而不简单，来看——

梦露的 21 世纪之旅

居所是一个容器，应该盛满实用性和幸福感。室内大量采用梦露的波普艺术图案，配合大量金属、皮草材质的运用，极具现代都市氛围，空气中仿佛弥漫着香水的气味。

背景墙为曼哈顿美丽的夜景，搭配金属、绸缎、陶瓷、毛绒等材质，打造出魅惑、时尚的床头风景。

卧室中的主卫推拉门采用镜面设计，反射出主卧的映像，营造出亦真亦幻的魅影。

梳妆台背景以马赛克瓷砖拼贴出梦露的头像，色彩鲜艳，配合着黑白色的桌椅，时尚靓丽。

金属框打造的衣架悬在半空，开放式的设计与室内其他陈设融为一体。

地台和床底都设光源，灯影交错间，让各种材质和摆设都显得璀璨动人。

Bedroom

舒适的大床挨着宽敞的窗子，使得卧室格外的敞亮，
配上抽象的艺术作品更显出现代气息。

黑白配的家居格调不仅不显得压抑，反而有一种简单舒适
的感觉，黑白对比色也显得房间更加的宽敞明亮。

简约的格调配上黑白的家具，整个房间不仅充满现代感，还有一丝男士的刚毅。

既温馨又简洁的家具配上暖色调的顶灯，让整个卧室充满家的温暖。

床边的小飘窗可以让我们在闲适的下午坐在这里品品茶、看看杂志、沐浴阳光。

卧房的布局很简洁，在床头的凹槽中可以放置许多零碎的小物件，摆放一张女主人的照片，也是一道亮丽的风景。

温馨舒适的大床虽然占据了房间的大部分位置，但是透明的厕所隔间弥补了房间略显局促的缺点，让房间看上去更加宽敞明亮。

简约的大床旁放着舒适的沙发椅，睡前小酌一杯，一夜好眠。

Bedroom

床头背景墙利用了不同的层次分割，重复简单的线条纹路可以很好地代替单调的背景，弧形的房顶可以很好地改善房间的整体结构。

把床头镶嵌在墙壁内，房顶连接立体的石膏石材在床头组成一组灯源，能够起到照明的作用。

房间的整体配色协调一致，内嵌式的床头节约空间，也充当了背景墙的作用。

房间用灰色与白色相结合，偏冷的色系，比较适合单身男性。

Bedroom

卧房在一面墙贴了一面镜子，有增大房间空间的视
觉效果。

卧室与衣帽间以玻璃隔断区隔，让房间更加宽敞明亮。

短毛地毯相比长毛地毯而言更容易打理，并且体现了利落干练的现代都市气息。

通透的玻璃窗使得卧室显得格外宽敞明亮，简约的黑白色家具更为卧室增添一种现代气息。

简单的黑白配，却充满艺术的灵性，特别是墙上的挂画，带有后现代主义的气质。

在床尾摆放一个扶手沙发，改善了房间过于空旷的缺点，还能够让主人坐在这里休息、看书。

圆形的榻榻米上摆放一张常规的床垫，营造出方圆结合的
美感，榻榻米方便活动，是小户型的最佳选择。

充满质感的地砖和墙面处理，让整个空间干净、通透，
实现了具有品质感的生活空间。

Bedroom

舒适的飘窗可以让我们享受闲适的下午时光，对于飘窗的铺设，选择实木地板或是大理石面料都是不错的选择。

卧房顶链接墙壁进行了简单的造型，流畅的线条可以让房间不再死板，同时也可以在石膏造型中安装灯带，起到照明作用。

将衣帽间与卧室合二为一，开放式的设计节约空间，也让房间看起来更加通透。

黑白灰的经典配色以简洁的造型营造出了现代时尚前卫的感觉。

Bedroom

卧室中拥有一个圆弧形阳台，摆几张舒适的椅子，周
末时可以坐在这里沐浴阳光。

卧房用立体石膏，打造了一个半弧面的房间，黑白的搭配
简洁干练。

在床榻上铺一个厚实的毯子，再摆上一个茶盘，可以充分享受悠闲的下午。

在房间与阳台之间不一定非要用门来连接，用厚重的窗帘来区分阳台和卧室也是一种不错的选择。

床头背景墙上的拼装镜子形状不规则，体现出了时尚个性。

房间的色调比较素雅，但是设计师在床头搭配了一幅色彩明亮的抽象画，让整个房间立刻显得轻松明快。

把小吧台与床连接，既合理节约空间，也为卧室增添浪漫
氛围，睡前可以小酌一下。

整个房间的色调比较灰暗，设计师选择了一盏红色的台
灯摆在收纳柜上，为房间增添了一抹热情与活力。

Bedroom

卧室链接阳台的可以选择推拉门，这样可以极大的缩小占用的空间，同时还能起到分割区域的功能。

卧房为了增加空间立体效果，在房顶位置可以选择贴顶线。

背景墙面以实木板条拼接构成，实木板条相比较整块实木而言不易变形，还有保温隔音的功能。

用抹茶色和纯白色相结合，使房间呈现出抹茶奶茶般的温润感。

Bedroom

卧房运用了许多金属元素，如床头的镜面装饰以及
不锈钢的灯罩，这些金属元素增加了卧房的质感，
赋予卧室奇特的视觉效果。

这个房间的设计选择了把榻榻米、衣柜、书桌、床头柜连
接在一起的整体造型，洗练简洁，十分实用。

银色的软包背景墙时尚前卫，也有很好的反光性，能让卧室更加明亮。

白色的联排柜可以很好地收纳杂物，还利用了墙面空间，合理又实用。

卧房为了增加空间立体效果，在房顶位置选择了贴顶线。

运用一幅玻璃上的绘画作品来当做卧房隔断，增添了艺术气息。

围绕着玻璃窗搭建出来一围边平台，可坐、可躺，还可以
放置一些零散的小物件。

紫色、灰色、深蓝色的大胆搭配，让卧室充满时尚气息，
四柱床则融入了古典元素。

Bedroom

环环相扣的空间以线条的美感尽显时尚简约的家具美学。

红白色的配色使在素雅的房间中有跳色的效果，能够在视觉上构成刺激。

皮质高箱气压床方便清洗，还能够增加房间的储物功能，皮质充满现代气息，保养起来也不复杂，是上班族的最佳选择。

地摊上选装的花纹，让整个房间都舞动起来，让深沉的配色也充满动感。

纯白色的空间，以绿色的床品点缀，更显清新气质。